BEI GRIN MACHT SICH IHR
WISSEN BEZAHLT

- Wir veröffentlichen Ihre Hausarbeit,
  Bachelor- und Masterarbeit

- Ihr eigenes eBook und Buch -
  weltweit in allen wichtigen Shops

- Verdienen Sie an jedem Verkauf

Jetzt bei www.GRIN.com hochladen
und kostenlos publizieren

Larissa Smir

Regulationstheoretische Ansätze. Vom Fordismus zum Postfordismus

GRIN Verlag

Bibliografische Information der Deutschen Nationalbibliothek:

Die Deutsche Bibliothek verzeichnet diese Publikation in der Deutschen National-
bibliografie; detaillierte bibliografische Daten sind im Internet über http://dnb.d-
nb.de/ abrufbar.

Impressum:

Copyright © 2012 GRIN Verlag GmbH
Druck und Bindung: Books on Demand GmbH, Norderstedt Germany
ISBN: 978-3-656-63035-7

Dieses Buch bei GRIN:

http://www.grin.com/de/e-book/271991/regulationstheoretische-ansaetze-vom-
fordismus-zum-postfordismus

GRIN - Your knowledge has value

Der GRIN Verlag publiziert seit 1998 wissenschaftliche Arbeiten von Studenten, Hochschullehrern und anderen Akademikern als eBook und gedrucktes Buch. Die Verlagswebsite www.grin.com ist die ideale Plattform zur Veröffentlichung von Hausarbeiten, Abschlussarbeiten, wissenschaftlichen Aufsätzen, Dissertationen und Fachbüchern.

Besuchen Sie uns im Internet:

http://www.grin.com/

http://www.facebook.com/grincom

http://www.twitter.com/grin_com

Universität zu Köln

Seminar zur Wirtschaftsgeographie

WiSe 2012/2013

Regulationstheoretische Ansätze: Vom Fordismus zum Postfordismus

Inhaltsverzeichnis

1 Einleitung

Mit der vorliegenden Arbeit zum Thema „Regulationstheoretische Ansätze: Vom Fordismus zum Postfordismus" soll eine Theorie vorgestellt werden, die in den 70er Jahren des 20. Jahrhunderts den Eingang in die wirtschaftsgeographische Forschung gefunden hat. Ihre Ansätze wurden ausgehend von marxistischen Ideen von den französischen Sozialwissenschaftlern (Aglietta, Boyer, Lipietz) entwickelt und von anderen westlichen Forschern (Jessop, Hirsch, Bathelt) aufgegriffen. Sie fanden Anwendung auch in anderen Disziplinen wie z.b. Industriesoziologie und Geographie (Vgl. BENKO 1996, S. 187). Ein einheitlicher geschlossener Forschungsansatz existiert jedoch bis heute nicht, d.h. wenn man von „Regulationstheorie" spricht, dann meint man die gemeinsamen Grundelemente der unterschiedlichen Erklärungsansätze (Vgl. BATHELT, S. 64).

Das Ziel dieser Arbeit ist anhand des Konzepts der Regulationstheorie eine Erklärung des sozioökonomischen Wandels zu geben. Es sollen zunächst die theoretischen Grundlagen der Theorie – ihre Zielsetzung und Struktur – und anschließend die daraus resultierenden Entwicklungsmodelle vorgestellt werden. Dabei geht es in erster Linie darum, zu klären, welche realen wirtschaftsräumlichen Implikationen sich aus dem regulationstheoretischen Forschungsansatz ergeben. Zum Schluss soll anhand der Ausführungen der Frage nachgegangen werden, inwieweit sich die Regulationstheorie als eine Erklärung gesellschaftlicher, wirtschaftlicher und räumlicher Strukturveränderungen eignet.

2 Grundlagen der Regulationstheorie

2.1 Zielsetzung

Die Zielsetzung der Regulationstheorie besteht darin, eine umfassende Erklärung der langfristigen gesellschaftlichen und wirtschaftlichen Entwicklung kapitalistischer Industriegesellschaften zu geben. In erster Linie soll sie erklären, warum relativ stabile Perioden des wirtschaftlichen Wachstums durch Phasen der Entwicklungskrisen abgelöst werden – ohne von einer Zyklizität auszugehen. Dabei werden in ihr Konzept im Gegensatz zur Theorie der Langen Wellen technologische, politische und gesellschaftliche Kontexte einbezogen (Vgl. BATHELT 1994, S. 65).

2.2 Struktur

Die Regulationstheorie betrachtet die wirtschaftlich-gesellschaftliche Struktur einer Volkswirtschaft als ein Komplex, der aus zwei Teilkomponenten besteht – Akkumulationsregime (Wachstumsstruktur) und Koordinationsmechanismus (Regulationsweise). Diese stehen in einer gegenseitigen Wechselwirkung, besitzen jedoch auch eine Eigendynamik, d.h. ihre Verknüpfung ist nicht eineindeutig. Dies hat wiederum zur Folge, dass eine Voraussage der Entwicklung nicht möglich ist, da die Zusammenhänge zwischen Wachstumsstruktur und Regulationsweise nicht deterministisch sind (Vgl. BATHELT 1994, S. 65, 71).

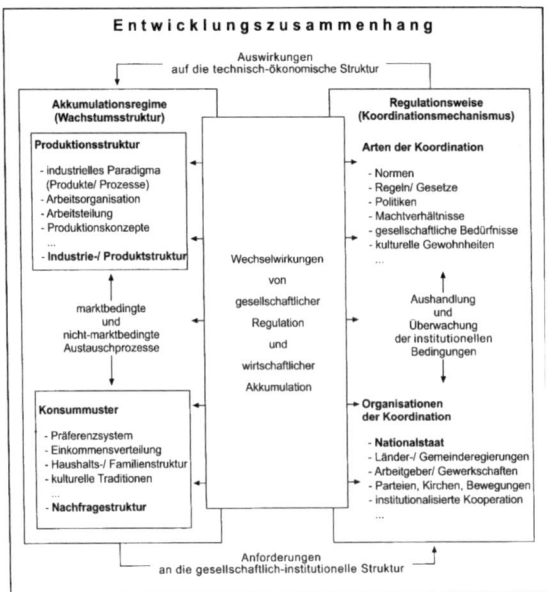

Abb.1: Regulationstheoretische Grundstruktur der wirtschaftlich-gesellschaftlichen Beziehungen in einer Volkswirtschaft (Quelle: BATHELT 1994, S. 66)

4

2.2.1 Akkumulationsregime

Das Akkumulationsregime (Wachstumsstruktur) bestimmt die Bedingungen, unter denen die Wachstumsprozesse einer Volkswirtschaft erfolgen. Es setzt sich aus zwei Elementen zusammen: der Produktionsstruktur und dem Konsummuster. Zu dem zentralen Bestandteil der Produktionsstruktur gehört das industrielle Paradigma, das durch die in einer Volkswirtschaft vorherrschende Produkt- und Prozesstechnologien definiert wird (Vgl. HAAS/NEUMAIR 2007, S. 82). Durch Basisinnovationen kann ein für längere Zeitabschnitte relativ konstantes Produktionsmuster entstehen, das sich durch eine bestimmte Branchenstruktur sowie charakteristische Formen der Prozess- und Produkttechnologie und der Arbeitsorganisation kennzeichnet (Vgl. KULKE 2006, S. 95f).

Gegenüber der Produktionsstruktur steht das Konsummuster, das hauptsächlich durch Präferenzsysteme, Konsumgewohnheiten, kulturelle Traditionen, Familien- und Haushaltstruktur sowie Einkommensverteilung bestimmt wird. Das Konsummuster wirkt sich auf die Höhe und Zusammensetzung der Nachfragestruktur aus (Vgl. BATHELT/GLÜCKLER 2002, S. 252).

Die Interaktion zwischen Produktionsstruktur und Konsummuster findet über marktliche und nicht-marktbedingte Austauschprozesse statt (Vgl. HAAS/NEUMAIR 2007, S. 82f).

2.2.2 Koordinationsmechanismus

Der Koordinationsmechanismus (Regulationsweise) umfasst die Organisations- und Steuerungssysteme einer Volkswirtschaft, die u.a. durch Gesetze, Normen, Regeln und Machtverhältnisse bestimmt werden. Er definiert den Handlungsrahmen, innerhalb dessen sich die Austauschprozesse zwischen Produktionsstruktur und Konsummuster vollziehen. Zu den zentralen Akteuren des Koordinationsmechanismus gehören diejenigen Organisationen und Institutionen, die den Handlungsrahmen aushandeln, festlegen, überwachen usw. Die koordinierenden Institutionen bilden ein hierarchisches System, da sie sich in ihren Kompetenzen und Befugnissen unterscheiden. In der Volkswirtschaft steht der Nationalstaat an der Spitze der Hierarchie. Er reguliert durch Gesetze und durch wirtschafts- und gesellschaftspolitische Maßnahmen wie z.B. Finanz-, Konjunktur-, Wettbewerbs-, Arbeitsmarkt-, Regional-, Außenhandelspolitik usw. die marktbedingte und nicht marktbedingte Austauschprozesse innerhalb des Akkumulationsregimes (Vgl. BATHELT 1994, S. 68). Unterhalb der staatlichen Ebene folgen Parteien, Gewerkschaften, Unternehmervertretungen, Verbände, Kirchen, NGOs usw., die ebenfalls eine wichtige Rolle bei der wirtschaftlich-gesellschaftlichen Koordination spielen. Sie können in die Gesetzgebung eingreifen und Rahmenbedingungen beeinflussen, wie z.b. Verhaltensnormen oder Präferenzen (Vgl. KULKE 2006, S. 96).

2.2.3 Entwicklungszusammenhang

Wenn Akkumulationsregime und Koordinationsmechanismus über einen längeren Zeitabschnitt einen stabilen Entwicklungszusammenhang vorweisen, dann spricht man von einer Entwicklungsphase. Entwicklungsphasen können einem Konjunkturzyklus unterworfen sein – dieser gefährdet jedoch nicht zwangsläufig die Konsistenz der Struktur von Akkumulationsregime und Regulationsweise (Vgl. BATHELT/GLÜCKLER 2002, S. 254f).

Die Stabilität eines Entwicklungszusammenhangs wird durch verschiedene Ursachen bedroht, die zu einer Entwicklungskrise (strukturelle Krise) führen können. Eine Krise tritt dann auf, wenn tiefgreifende Veränderungen der Wachstumsstruktur und/oder des Koordinierungsmechanismus stattfinden. So stellen Konjunkturschwankungen oder neue Produkte den Fortbestand des Entwicklungszusammenhangs nicht in Frage, aber ein Wandel der Industrieparadigmen oder der gesellschaftlichen Werte sowie exogene Ereignisse wie Energiekrisen oder Naturkatastrophen können durchaus eine Krise hervorrufen (Vgl. KULKE 2002, S. 96f).

Für die Überwindung einer Entwicklungskrise sind neue Produktions-, Koordinations- und Konsummuster erforderlich. Sie müssen neu definiert werden, damit die Akkumulation und Koordination erfolgreich zusammenwirken können. Eine Neudefinition entsteht in zahlreichen Aushandlungs- und Abstimmungsprozessen zwischen verschiedenen wirtschaftlichen und gesellschaftlichen Akteuren. Durch veränderte bzw. neugeschaffene Institutionen, Produktionsstrukturen und Konsummuster werden die Voraussetzungen für das Herausbilden eines neuen stabilen Entwicklungszusammenhangs geschaffen (Vgl. HAAS/NEUMAIR 2007, S. 83f). Wenn das industrielle Paradigma, das Akkumulationsregime und der Koordinationsmechanismus langzeitlich in sich stimmig sind, dann spricht man von einem Entwicklungsmodell bzw. einer Formation (Vgl. SCHEUPLEIN 2008, S. 153). In der regulationstheoretischen Forschung dominieren vor allem zwei Entwicklungsmodelle – Fordismus und Postfordismus.

3 Formationen der Regulationstheorie

3.1 Fordismus

Die in den westlichen Industriestaaten nach dem Zweiten Weltkrieg eingestellte Entwicklungsphase wird als Fordismus bezeichnet. Die Bezeichnung ist an die in der Automobilindustrie von Henry Ford eingeführte Strukturen zurückzuführen (Vgl. MACINNON & CUMBERS 2007, S. 32).

Das fordistische Akkumulationsregime ist durch eine Massenproduktionsstruktur gekennzeichnet. Auf der Produktionsseite dominiert die Fließbandfertigung, die eine Fertigstellung großer Mengen von Produkten in einzelnen aufeinanderfolgenden Arbeitsschritten ermöglichte. Die Arbeitsorganisation unterliegt somit dem tayloristischen Prinzip, d.h. der Fertigungsprozess ist in einzelne kleine und strukturierte Teilschritte gegliedert, die von gering qualifizierten Arbeitskräften ausgeführt werden. Ebenfalls charakteristisch für die Arbeitsorganisation ist eine vielstufige hierarchische Ordnung, die strikte Zuständigkeiten und geringe Eigenverantwortung der Beschäftigten impliziert.

In fordistischer Formation überwiegen große Betriebseinheiten mit hoher vertikaler Integration (Vgl. KULKE 2007, S. 97f.), d.h. Unternehmen sind darauf ausgerichtet ein Produkt möglichst eigenständig, ohne Rückgriff auf Zwischenprodukte anderer Firmen, herzustellen. Die Betriebe besitzen einfache Einzwecktechnologien, deren Lebensdauer mit der Dauer der Nachfrage der damit hergestellten Produkte einhergeht (Vgl. BATHELT 1994, S. 76). Die Hauptziele der Produktionsorganisation sind dabei das Erreichen von hohen Produktivitätszuwächsen sowie steigenden Skalenerträgen („economies of scale"), d.h. niedrigere Kosten pro Stück durch Massenproduktion (Vgl. KULKE 2007, S. 98). Dieses soll u.a. durch eine effiziente Arbeits- und Prozessorganisation realisiert werden.

Der Produktionsstruktur des Fordismus entspricht ein Konsummuster mit standardisierten Konsumbedürfnissen. Es zeichnet sich durch Massennachfrage nach langlebigen Verbrauchsgütern wie z.b. Autos, Waschmaschinen oder Kühlschränken aus (Vgl. BATHELT/GLÜCKLER 2002, S. 252f.).

Die Regulationsweise der fordistischen Entwicklungsphase wird vor allem auf der nationalstaatlichen Ebene bestimmt. Die Aushandlung der Löhne erfolgt durch Collective-Bargaining (Tarifverhandlungen) zwischen den Arbeitgebern, Gewerkschaften und dem Staat. Durch antizipatorische Koppelung der Lohnanstiege an die erwarteten Produktivitäts- und Preisanstiege wird der Massenkonsum gesichert, da den Beschäftigten die Teilhabe an den unternehmerischen Fortschritt ermöglicht wird. Damit wird die Kompatibilität von Produktionsstruktur und dem Konsummuster gewährleistet. Zugleich erfüllt der Staat durch sog. wohlfahrtsstaatliche Ausgabenpolitik eine zentrale Funktion: Er sorgt dafür, dass die Teilhabe am Konsum von denjenigen Personen, die aus dem Arbeitsleben ausgeschlossen sind, ebenfalls gesichert wird. Dies soll zu einer Minderung der negativen Folgen von Konjunkturschwankungen beitragen. Des Weiteren sorgt der Staat mit ausgleichsorientierter Raum- und Regionalpolitik für einen Abbau der räumlichen Ungleichheiten bei Einkommensverteilung und Arbeitsbedingungen (Vgl. BATHELT 1994, S. 76).

Die Raumstrukturen des Fordismus sind im Gegensatz zu seinen wirtschaftlichen und institutionellen Gegebenheiten weniger deutlich. Dies liegt u.a. daran, dass idealtypische fordistische Wachstumsstrukturen und Koordinationsmechanismen nur selten in der Realität anzutreffen sind und deshalb erweist sich die Unterscheidung zwischen fordistischen und nicht-fordistischen Raumstrukturen als äußerst kompliziert. Somit lassen sich hinsichtlich der Raumstruktur nur grobe Merkmale und Tendenzen feststellen (Vgl. BATHELT 1994, S. 77).

Die Produktionsstruktur im Fordismus führt verbunden mit dem Skaleneffekt zu einer Konzentration der Massenproduktion in wenigen vertikal integrierten Großunternehmen. Es entwickeln sich Kernregionen, die starke Agglomerationstendenzen aufweisen. Durch den Einfluss der Großunternehmen auf die Standort-, Qualifikations- und Infrastruktur ihrer Region bildet sich eine hierarchische Raumstruktur heraus (Vgl. HAAS/NEUMAIR 2007, S. 86).

Zwischen verschiedenen Regionen entsteht eine räumlich-funktionale Arbeitsteilung, die zur Herausbildung von spezialisierten Leitungs-, Forschungs- und Produktionsstandorten führt: Für die unterschiedlichen Unternehmensfunktionen wird ein Standort mit den jeweils am besten entsprechenden Standorteigenschaften gewählt. Die räumliche Arbeitsteilung spiegelt sowohl unternehmensinterne als auch unternehmensübergreifende Verflechtungsbeziehungen wider, die zu vielfältigen Zentrum-Peripherie-Strukturen führen – zwischen Hauptsitz und Filialen, zwischen Industriemetropolen und Satellitenstädten, zwischen Innovations-Kernländern und Montagestandorten in Entwicklungsländern usw. (Vgl. BATHELT/GLÜCKLER 2002, S.256f.).

Charakteristisch für die fordistische Raumstruktur ist aber auch die latente Instabilität. Sie trifft auf, weil fordistische Industriesektoren aufgrund ihrer fixierten Produktionsanlagen sich nicht kontinuierlich an die Rahmenveränderungen anpassen können. Es führt zu Krisensymptomen, die wiederum eine radikale Änderung der räumlichen Unternehmensstrukturen begünstigen wie z.b. Produktionsverlagerung. Durch zunehmende Internationalisierung von Produktionsbeziehungen, die zu einer Wettbewerbsverschärfung führt, wird die fordistische Raumstruktur allmählich geschwächt (Vgl. BATHELT 1994, S. 78).

In den 70er Jahren kam es in den westlichen Industriestaaten zu einem krisenhaften Umbruch, der sowohl Wirtschaft als auch Gesellschaft betraf - einst stabiler Entwicklungszusammenhang wurde von der sog. Fordismuskrise erfasst. Als Gründe sind sowohl interne als auch externe Ursachen zu nennen. Es wird angenommen, dass die fordistische Produktionsstruktur aufgrund ihrer Starrheit an die Grenzen stieß - stagnierende Produktionszuwächse und abnehmende Produktqualität waren die Folgen. Die Erzielung von Effektgrößen konnte nicht mehr gewährleistet werden. Aufgrund der Größe und Komplexität der Unternehmen war es kaum möglich, diese zu überschauen, zu steuern oder ihre Produktionsprozesse ohne hohen Kostenaufwand umzustellen. Hinzu kam die Energiekrise, die u.a. die Wachstums- und Investitionsschwächen verursachte. Diese wurden von sozialen Widerständen, die sich gegen die Arbeitsorganisation und ökologische Auswirkungen der Massenproduktion äußerten noch weiter verschärft (Vgl. HAAS/NEUMAIR 2007, S. 86). Zeitgleich vollzog sich ein grundsätzlicher Wertewandel im Konsumverhalten - eine zunehmende Individualisierung des Konsums führte zu einer Fragmentierung und Spezialisierung der Nachfrage und zu einer Verringerung der Absatzmöglichkeiten für standardisierte Massenkonsumgüter. Zusätzlich verstärkte sich der Wettbewerb, da Industrieunternehmen aus Schwellen- und Entwicklungsländern auf den internationalen Markt eintraten. Auf zunehmenden Preiswettbewerb und Lohnkostensteigerungen reagierten die fordistischen Unternehmen mit Abbau von Arbeitsplätzen und Verlagerung von Standorten. Diese Maßnahmen trafen vor allem die Kernregionen, die mit steigender Arbeitslosigkeit, sinkender Kaufkraft und zunehmenden regionalen Disparitäten konfrontiert wurden (Vgl. BATHELT 1994, S.79). Staatliche Vorkehrungen, die auf Verzögerung der Auflösung von fordistischen Strukturen abzielten, waren u.a. wegen des rückläufigen Wachstums und Haushaltsdefizits, nicht ausreichend, um die Krise schnell zu bewältigen (Vgl. HAAS/NEUMAIR 2007, S.86f.).

3.2 Nachfordismus/Postfordismus

Die Fordismuskrise kann nur mit der Entstehung und Durchsetzung eines neuen konsistenten Entwicklungszusammenhangs überwunden werden. Im Laufe dieses Prozesses werden die starren fordistischen Modelle durch neue flexible wirtschaftlich-technologische und gesellschaftlich-institutionelle Strukturen ersetzt (Vgl. JESSOP 1991, S. 14). Im Zusammenhang mit diesem sich vollziehenden Strukturwandel spricht man von Nach- bzw. Postfordismus, wobei die neue Formation noch nicht vollständig auf Dauerhaftigkeit und innere Kompatibilität überprüft werden kann (Vgl. BATHELT/GLÜCKLER 2002, S. 259).

Durch die Integration moderner Technologien in Computer-, Informations- und Kommunikationswesen findet eine Flexibilisierung der Arbeitsorganisation und der Produktionsprozesse statt. Es wird nicht mehr an den Prinzipien der tayloristischen Arbeitsteilung festgehalten – es treten zunehmend flexible Beschäftigungsformen wie z.b. Teilzeit- oder Leiharbeit auf. Die neue Produktionsstruktur drückt sich im Einsatz flexibler, reprogrammierbarer Mehr-Zweck-Maschinen, kurzen Produktlebenszyklen sowie entsprechend der Nachfrage tieferen Produktdifferenzierungen aus (Vgl. HAAS/NEUMAIR 2007, S. 87). Sie zielt auf den Verbundeffekt („economies of scope"), d.h. mehrere verschiedene Güter werden in einem Unternehmen produziert (Vgl. KULKE 2006, S. 98f.). Ein erfolgreicher Umgang mit neuen Technologien erfordert eine hohe Kompetenz und Qualifikationsniveau der Beschäftigten. Qualifizierte Arbeitskräfte erlangen eine strategische Bedeutung, müssen aber infolge einer zunehmenden Aufgabenintegration und eines Verantwortungszuwachses mit Ausweitung ihrer Aufgabenfelder rechnen (Vgl. BATHELT 1994, S. 82). Der Umstieg auf flexible Technologien ist zudem auch mit Risiken und Problemen verbunden, die im Voraus kaum abschätzbar sind. Es müssen sowohl hohe Anschaffungs- und Folgekosten als auch Investitions- und Misserfolgsrisiken bedacht werden (Vgl. BATHELT/GLÜCKLER 2002, S. 258).

Das Konsummuster wird entsprechend dem Wertenwandel von Pluralisierung der Lebensstile und Individualisierung des Konsums geprägt.

Innerhalb des Koordinationsmechanismus verliert der Nationalstaat seine dominierende Stellung. Seine Kompetenzen werden zum einen auf die lokal-regionale Ebene, zum anderen auf die supranationale Ebene übertragen. Außerdem findet Privatisierung staatlicher Aufgabenbereiche sowie Deregulierung einzelner Märkte (z.B. durch

Subventionenabbau) statt, die nach dem neoliberalen Ansatz gegen Staatsinterventionen und Wohlfahrtsstaat gerichtet sind (Vgl. HAAS/NEUMAIR 2007, S. 87).

Der Übergang von Fordismus zum neuen Entwicklungszusammenhang – dem Postfordismus – vollzieht sich in einzelnen Branchen und Regionen mit ungleicher Geschwindigkeit, auf verschiedene Art und mit unterschiedlichen Folgen. Da fordistische und postfordistische Strukturen nebeneinander existieren, kann man noch nicht von einer Überwindung der Fordismuskrise sprechen. Vielmehr wird verbunden mit dem sich vollziehenden Strukturwandel nur von tendenzieller Entwicklung ausgegangen, deren Abzeichen noch nicht als ein konsistenter Entwicklungszusammenhang gedeutet werden kann. Es werden verschiedene Szenarien entworfen, die vor allem von der zunehmenden Flexibilisierung der Organisations- und Produktionsstrukturen ausgehen. Das Szenario der flexiblen Spezialisierung setzt beispielsweise auf die Ausbreitung von Netzwerken zwischen flexibel spezialisierten kleinen und mittleren Unternehmen, das Szenario der dynamischen Flexibilität spricht dagegen für großbetriebliche Organisationsformen mit flexibler Massenproduktion. Solche Szenarien sowie andere empirische Befunde liefern jedoch kein klares Bild über die Struktur des neuen Entwicklungszusammenhangs (Vgl. BATHELT/GLÜCKLER 2002, S. 258f.).

Die sich abzeichnenden Raumstrukturen des Postfordismus weisen deutliche Widersprüche auf. Einerseits beschleunigen die neuen Technologien den Prozess der Globalisierung, indem sie Raum-Zeit-Dimension verkürzen. Dadurch werden die Finanz-, Markt- und Produktbeziehungen internationalisiert und regionale bzw. nationale Produktionszusammenhänge aufgelöst. Ausdruck dieser Tendenz sind die Verbreitung weltweit agierender transnationaler Großunternehmen, die globale Organisation von Produktionsprozessen sowie internationale Markterschließung von Kleinunternehmen. Andererseits zeigen sich auch deutliche Tendenzen zur Aufwertung und Neuausrichtung regionaler Qualitäten und Identitäten. Dies drückt sich durch räumliche Konzentration industrieller Unternehmen und dem Herausbilden von kleinräumigen Produktionsräumen (Industriedistrikte, kreative Innovationsmilieus) aus. Es ist noch offen, ob und welche von diesen Tendenzen sich als „idealtypische Raumstruktur" des neuen postfordistischen Entwicklungszusammenhangs durchsetzen wird (Vgl. BATHELT 1994, S. 85f.).

4 Fazit

Die Regulationstheorie liefert eine durchaus plausible Erklärung des sozioökonomischen Wandels. Dies ist vor allem auf ihre Struktur zurückzuführen, die den wirtschaftlich-technologischen und gesellschaftlich-institutionellen Kontext wie keine einzige Theorie zuvor hervorhebt und zugleich auf technologische Determinismen verzichtet. Darin liegt ihr wesentlicher Vorteil gegenüber anderen alternativen Forschungsansätzen.

Die Regulationstheorie betont die Relevanz von Produktions- und Prozessinnovationen, der damit verknüpften Arbeitsorganisation und den wirtschaftlich-gesellschaftlichen Koordinationsmechanismus. Sie eignet sich deshalb trotz einiger Schwachstellen und konzeptioneller Defizite als eine Untersuchungsgrundlage für räumliche Implikationen langfristiger gesellschaftlich-wirtschaftlicher Veränderungsprozesse. Auf ihrer Basis können verschiedenen Entwicklungsphasen mit unterschiedlichen Produktionsstrukturen, Regulationsweisen und Konsummustern verschiedene wirtschaftsräumliche Strukturen zugeordnet werden. Sie ist ein Grüngerüst, aus dem abgeleitet werden kann, wie verschiedene Produktionsstrukturen, Koordinationsmechanismen verbunden mit der Arbeitsorganisation die räumliche Arbeitsteilung und Standortstrukturen beeinflussen. Außerdem ermöglicht sie einen Zugang zu dem Zusammenhang zwischen Innovation und räumlicher Organisation von Unternehmen (Vgl. BATHELT 1994, S. 86f.).

Als defizitär erweist sich allerdings die empirische Überprüfbarkeit der regulationstheoretischen Ansätze. Dies wird als Hauptgrund angesehen, warum Regulationsschule sich nicht auf breiter Ebene durchgesetzt hat. Des Weiteren werden ihr historisierender Charakter, d.h. ihre Verankerung in den vergangenen Entwicklungszusammenhängen sowie ihre metatheoretischen Züge kritisiert. Unklare räumliche Bezüge und Hyper-Internationalisierung werden ebenfalls als Mängel der Theorie aufgeführt (Vgl. BATHELT/GLÜCKLER 2002, S. 260).

Trotz allem dient die Regulationstheorie als eine adäquate theoretische Grundlage, anhand derer wirtschaftliche, soziale, politische und räumliche Veränderungen erklärt werden können.

6 Quellenverzeichnis

BATHELT, H. (1994): Die Bedeutung der Regulationstheorie in der wirtschaftsgeographischen Forschung. In: Geographische Zeitschrift, 82. Jg., H. 2, S. 63-90

BATHELT, H. & GLÜCKLER, J. (2002): Wirtschaftsgeographie. Ökonomische Beziehungen in räumlicher Perspektive, 2.Auflage. Stuttgart, Eugen Ulmer Verlag.

BENKO, G. (1996): Wirtschaftsgeographie und Regulationstheorie – aus französischer Sicht. In: Geographische Zeitschrift, 84. Jahrg., H. 3/4 (1996), S. 187-204

HAAS, H.-D. & NEUMAIR, S.-M. (2007): Wirtschaftsgeographie. Darmstadt, WBG.

JESSOP, B. (1991): Fordism and Post-Fordism: A Critical Reformulation. Lancaster Regionalism Group.

KULKE, E. (2006): Wirtschaftsgeographie. Paderborn, Ferdinand Schönling Verlag.

MACKINNON, D. & CUMBERS A. (2007): An Introduction to Economic Geography. Globalization, Uneven Development and Place. Pearson.

SCHEUPLEIN, C. (2008): Die Regulationstheorie in der deutschsprachigen Wirtschaftsgeographie: Bilanz und Perspektiven. In: Krumbein, W. et al. (Hrsg.): Kritische Regionalwissenschaft. Münster, S. 150-167